北方特色中药材种植技术丛书

野山参(林下山参)的培育技术

刘兴权 侯玉兵 许世泉 主编

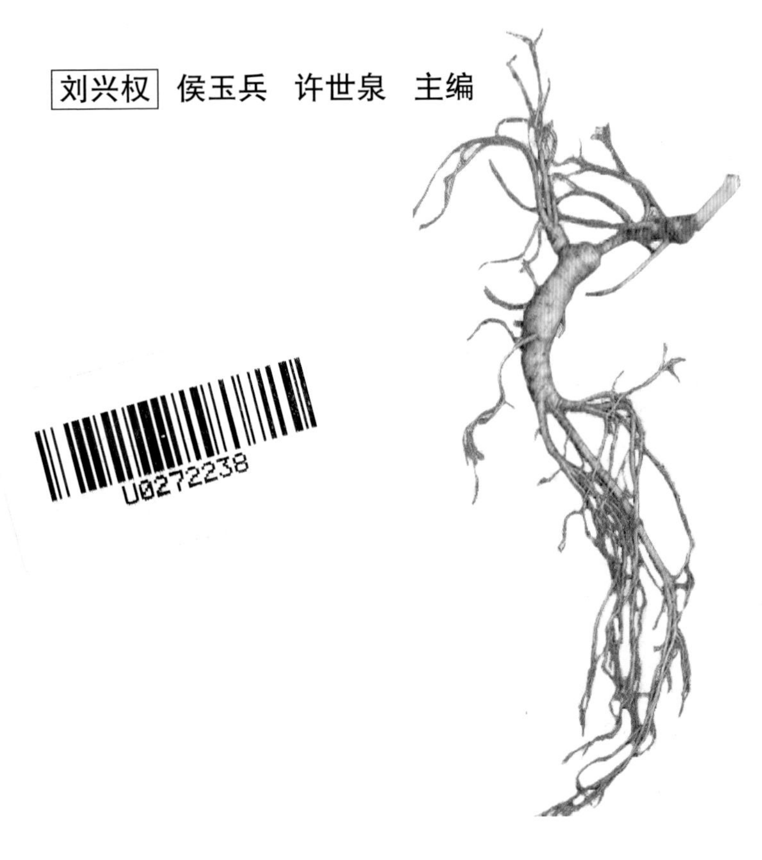

中国农业科学技术出版社

图书在版编目(CIP)数据

野山参(林下山参)的培育技术 / 刘兴权, 侯玉兵, 许世泉主编. -- 北京 : 中国农业科学技术出版社 ,2016.12
(北方特色中药材种植技术丛书)
ISBN 978-7-5116-2929-6

Ⅰ. ①野… Ⅱ. ①刘… ②侯… ③许… Ⅲ. ①野生植物–人参–栽培技术 Ⅳ. ① S567.5

中国版本图书馆 CIP 数据核字 (2016) 第 307481 号

责任编辑 闫庆健
责任校对 李向荣

出 版 者 中国农业科学技术出版社
北京市中关村南大街 12 号 邮编：100081
电 话 (010)82106632(编辑室) (010)82109702(发行部)
(010)82109703(读者服务部)
传 真 (010)82106625
网 址 http:// www.castp.cn
经 销 者 各地新华书店
印 刷 者 北京科信印刷有限公司
开 本 850mm × 1 168mm 1/32
印 张 1.625
字 数 39 千字
版 次 2016 年 12 月第 1 版 2016 年 12 月第 1 次印刷
定 价 15.00 元

《野山参（林下山参）的培育技术》

编委会

主　　编：刘兴权　侯玉兵　许世泉

编写人员：刘兴权　侯玉兵　许世泉　张　瑞　郑殿家
孙国刚　刘廷惠　赵炳林　张志东　张　浩
逄世峰

前 言

人参素有“百草之王”之称，以其滋补保健、延年益寿的神奇功效位居百草之首，享誉中外。中国是应用人参最早的国家，距今已有近4 000年的历史，但在古代的各种医药书籍记载使用的多为野生人参，即自然传播，自然生长于深山密林的原生态人参【GB/T 18765—2015】。

人参栽培有多种形式，如林下做畦栽参、伐林栽参、农田栽参等，其中大多数为伐林栽参。林下做畦栽参和伐林栽参都是严重破坏林下植被的一种方式，容易造成水土流失，而且病害较重，不容易防治。农田栽参各地的技术仍有一定的差异，技术推广不到位，大多数参农没有全部理解和正常应用该项技术；同时该技术模式对应用的土质要求很高，大多数农田土壤比较板结，土壤改良成本很高。我国主要使用的是伐林栽参，这种模式虽然效果较好，但破坏生态环境。自我国颁布森林保护法以后，伐林栽参再无参地可言，所以根据人参生长所需的特殊生态环境，充分利用森林资源，在不破坏生态环境的同时，保护和培育林下山参，是发展人参产业缓解林、参矛盾的有效途径。

保护和培育林下山参，进行人工培育的林下山参有两种：一是野山参，即播种后，自然生长于深山密林15年以上的人参【GB/T 22531—2015】。二是移山参，即移栽在山林中具有野山参部分特征的人参【GB/T 22532—2015】。

本书结合生产实际，详细阐述了林下山参的护育方法，为参农发展林下山参答疑解惑，便于规范指导野山参保护基地的生产，引导农民发家致富。

本书在编写过程中，受时间、能力水平所限，难免出现不当之处，请予谅解和批评指正。

编者

2016年11月

目 录

第一章 概述

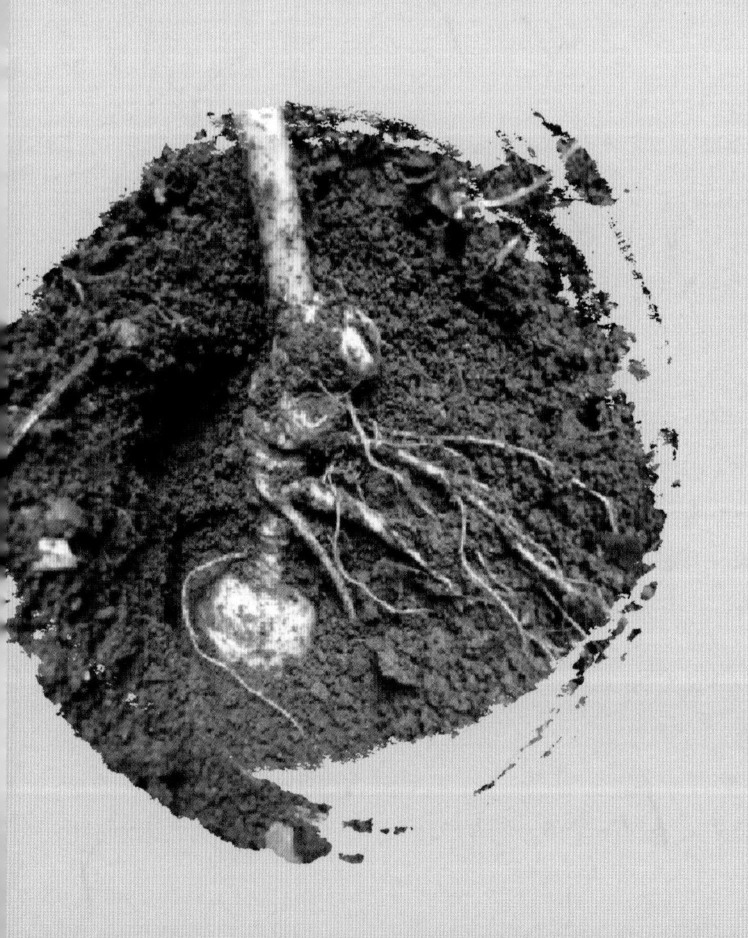

第一节　我国山参资源分布

山参和人参同种，为世界所公认的名贵中药材，两者形态及药效成分的差异是所处生长环境条件不同所致。我国是人参主产国，应用历史久远，早在 4 000 年以前所应用的人参主要是野生人参。南朝齐梁时期，陶弘景（456—536）撰写的医药专著《本草经集注》中，对人参的记载为“人参微温，无毒……一名神草，一名人微，一名土精，一名血参，如人形者有神。生上党及辽东”。由此记载了我国人参原出自上党和辽东，上党和辽东分别分布在现今的山西省南部和辽宁省的西部地区。

唐代我国人参主产区分布在中条山以北，管涔山、吕梁山以东，大马群山以南，在太兴山、太岳山、五台山、军都山、燕山绵延地区。以现代行政区划而论，唐代我国山参主产区为当今山西省中部、南部以及河北省西部和北部地区。

宋代我国山参主产区较唐代向东扩展，伸展到黄河以东地带，一直绵延至泰山山区。即我国宋代山参主产区分布在现代的山西、河北、山东等地。

明代上党山参资源已严重匮乏，山参主产区明显北移，越过燕山而进入东北地区。到了明代中、晚期，山参资源来源主要有山西上党、辽宁和朝鲜，实际应用的以辽山参为多，女真人在东北长白山区采集的山参是明代药用人参的重要来源。

清代我国山参主产区分布在长白山及乌苏里江以东的锡赫特山区。到清代后期，随着对人参的大量需求和各个朝代对人参生态环境的破坏，山西、河北、山东一带的人参资源已濒临灭绝，长白山的野生人参资源也逐渐减少。目前，唯有长白山脉和小兴安岭南麓尚存有极少量野山参资源。为了弥补野生人参资源不足，人们便开始人工栽培人参，据有文字记载推算，我国人工栽培人参始于 1 600 余年前，到清代中、晚期，人参栽培业已相当发达。

现代野生人参主要分布在我国东北北纬 40°～48°、东经 117° 6'～134°，包括长白山、小兴安岭东南部、辽宁绥中县附近的山

地以及河北青龙县的都山、兴隆县的雾灵山等地。分布的地形为各种类型的山地，平原地区则完全没有野生种。

第二节　山参护育的重要意义

一、保护山参资源

我国古代最初发掘利用的野生人参，主产于山西、河北的太行山脉一带。由于长期生产活动，对太行山脉的森林、土地等资源进行了数千年的开发利用，至明代太行山区的山参因山林生态破坏而绝迹。从明末清初起，我国东北长白山区的山参被大量开发利用。近 500 余年来，由于山林被大量开采，生态环境受到一定程度的破坏，加之连年过度采挖，致使我国山参唯一主产区——长白山的山参资源也逐年减少，产量也在逐年下降。据吉林省农业现代化研究室 1980 年统计，吉林省的山参历史最高产量 1927 年为 750 千克，1951 年则为 365 千克，20 世纪 80 年代产量只有几十千克，近年来产量也只有十几千克甚至几千克。由此可见，如不采取保护措施，有可能重蹈太行山野生人参绝迹的覆辙，将使长白山区野生人参资源很快绝迹。野生人参种群不多，地理分布有很大的局限性，而且仅生存在特殊的环境中，加之生长速度缓慢，如果其生存繁衍所需适宜生态环境被破坏，会直接影响山参种群的繁衍。鉴于野生人参资源的现状，国家十分重视对野生人参资源的保护。1984 年国务院环境保护委员会公布的我国第一批“中国珍稀濒危保护植物名录”及 1987 年国务院发布的“野生药材资源保护管理条例”中，都将野生人参（山参）列为濒危物种，加以重点保护。吉林省有一些个人和国营参场从 20 世纪 60 年代就开始利用林下资源保护和培育林下山参，进行人工培育的林下山参有两种：一是野山参，即既播种后，自然生长于深山密林 15 年以上的人参。二是移山参，即移栽在山林中具有野山参部分特征的人参。到 80 年代、90 年代，吉林省、辽宁省的一些参农纷纷加入到林下山参护育行列，实践证明，凡是个人承包山片护育山参的，

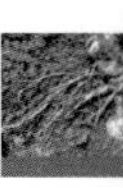

大多数都取得成功，并获得很高的利润。可以看出，利用森林资源护育林下山参，是发展山区经济，保护山参资源的重要措施。

二、保护生态环境，以林下护育山参的方式发展人参产业

吉林省是我国人参主产区，在人参栽培、加工等方面取得了很多成果，吉林人参名扬国内外，是吉林省东部山区的支柱产业。人参栽培有多种形式，如林下做畦栽参、伐林栽参、农田栽参等，其中大多数为伐林栽参。林下做畦栽参有两大弊端，一是破坏林下植被，容易造成水土流失；二是山参的病害较重，不容易防治。农田栽参的技术不太成熟，技术推广不到位，大多数参农不掌握该项技术；加之人参对土质要求很高，农田土壤比较板结，土壤改良成本很高。而且农田面积有限，栽一茬人参后尚需休闲十几年至几十年才能重复利用。所以，林下做畦栽参和农田栽参一直没有大面积推广。目前沿用的伐林栽参效果较好，但破坏生态环境，自我国颁布森林保护法以后，伐林栽参再无参地可言。现在唯一所用的只有利用荒山坡地和优质的农田地栽培人参，但适宜人参生长的荒地有限。综上所述，目前栽培人参用地确实是个难题。鉴于人参生长所需的特殊生态环境，充分利用森林资源，在不破坏生态环境的同时，保护和培育林下山参，才是发展人参产业的有效途径。

三、育林养参是开发吉林省山区多种经营的好项目

吉林省东部山区森林面积较大，耕地面积较少，靠粮食作物提高经济效益有限。但是靠山吃山，利用森林资源林下护育山参，立体经营，以参养林，林参兼顾，是发展山区多种经营的好项目。

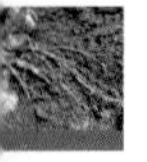

第二章

野生人参的生态条件及生长发育规律

人工护育山参，必须了解野生人参的生态环境和掌握其生长发育规律，按照它的生态条件选地和遵循它的生育特性去护育，方能取得成功；否则，会适得其反。

第一节 野生人参的环境生态条件

为了摸清野生人参的生态条件，为护育林下山参提供科学依据，笔者随同课题组其他人员，从 1986 年至 1988 年，利用三年时间赴长白山区调查野生人参的生态条件，为便于广大林下山参护育者了解和掌握，现总结如下供参考。

一、适宜野生人参生长的地形地貌

长白山区的野生人参多生长在海拔 400 ~ 1 100 米的岗地或各种类型的山地上半部，其中以海拔 400 ~ 800 米为多，低于 400 米或超过 1 100 米的山林很少有野生人参生长。低于 400 米的山地因冬季降雪较少，积雪薄，积雪覆盖时间短，春季雪融化较早，当土壤化冻后遇低温，再结冻，野生人参越冬芽容易受缓阳冻害；而且春夏季降水量少，土壤干旱，林间空气干燥，不太适宜野生人参生长。超过海拔 1 100 米，针阔混交林较少，多以成片针叶林为主，土壤瘠薄，多以岩石为主，不太适宜野生人参生长。

海拔 400 ~ 1 100 米的山地也不是普遍都适宜野生人参生长，坡向和坡度对野生人参的生存及生长很重要，野生人参多数生长在山地的东坡、东北坡和北坡。南坡和西坡分布较少。东坡、东北坡早晨见光较早，但光照不强，上午 10 时以后太阳光照移向南坡。北坡全天没有强光照射，所以东坡、东北坡和北坡光照、温度和湿度变化较平稳，适宜野生人参生长。南坡和西坡日照时间比较长，光照较强，一是早春积雪融化早，野生人参越冬芽萌动快，易受缓阳冻；二是林间空气湿度较低，土壤易干旱，不利于野生人参生长。

所以，野生人参一般生长在海拔 400 ~ 1 100 米，地形起伏不平，

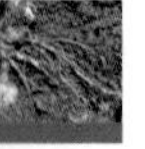

俗称“鸡爪地”或山坡地，排水良好，坡度一般在20°～70°的地域里。这是因为斜坡有利于野生人参对于水的需求，冬天野生人参有雪覆盖保温，春天渗水，排水性好，有助于存活适宜野生人参生长生态环境（图 2-1-1）。

图 2-1-1 适宜野生人参生长生态环境

二、适宜野生人参生长的气候特点

我国长白山野生人参分布区的气候属于温带季风气候区。其特点为 4 季分明、冬季漫长而寒冷且积雪层厚。夏季短促而温暖，且降雨集中，春秋两季冷暖阶段性变化明显，据气象观察，最高温度可在 35.4℃最低温度在零下 40.8℃，年平均气温 3℃左右；全年 1 月份平均气温为 –17～–15℃，7 月份平均气温为 17～19℃，≥ 10℃积温为 1 500℃以上。年平均日照数 2 400 小时左右。无霜期 100～120 天。年太阳总辐射热为 519.10～523.35 千卡 / 平方厘米，年平均降水量在 300～1 000 毫米，多集中在 6—9 月份，可达 450～480 毫米，年平均相对湿度 70% 左右。冬季雪量丰富，积雪深度一般可达 30～40 厘米，雪覆盖稳定在 3 个月以上。

1. 光照

为了摸清野生人参生长地的光照强度变化情况，供人工护育山参参考，笔者于 1987 年 6 月 26 日和 8 月 10 日分别对抚松县大顶子西北岩、浑江市三岔子区大石棚子乡大榆树沟两地野生人参生长地的光照进行测定，结果见表 2-1-1。

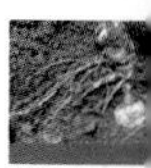

表 2-1-1 野生人参生长地光照测定表 单位：lx

项目测定 时间	抚松大顶子西北岩（1987 年 6 月 26 日）				浑江大榆树沟（1987 年 8 月 10 日）			
	第一调查点	第二调查点	林内裸露光	天气情况	第一调查点	第二调查点	林内裸露光	天气情况
8 时	567	680	31000	晴	500	490	64300	晴
9 时	1613	3360	50200	晴	553	677	70900	晴
10 时	3373	1100	70300	晴	960	480	76000	晴
11 时	2719	1393	82400	晴	993	513	78500	晴
12 时	2700	1200	85900	晴	6266	1097	95200	晴
13 时	6590	4907	87000	晴	37633	10900	91300	晴
14 时	2517	2400	72400	有时多云	6000	13833	60300	晴
15 时	1033	3767	77000	晴	1000	10303	35300	晴
16 时	833	1370	54500	晴	833	3300	29100	晴
17 时	660	830	35100	晴	833	1153	12400	晴
18 时	360	357	12400	晴	617	1053	10700	晴
平均	2087.55	1969.45	59836.36		5180	3981.73	59727.27	

从表 2-1-1 数值看出，抚松县北岗镇大顶子西北岩两个野生人参生长地日光照最强时间为下午 1 时出现，持续 10～25 分钟后光照强度减弱。13 时林内裸露光照为 87 000lx，第一调查点光照为 6 590lx，占同一时间林内裸露光照强度的 7.57%；第二调查点光照为 4 907lx，占林裸光照的 5.64%。第一调查点平均光照为 2 087.55lx，平均林裸光照为 59 836.36lx，占同一时间林内裸露平均光照的 3.49%；第二点平均光照为 1 969.45lx，占同一时间林内裸露平均光照的 3.29%。

浑江市三岔子区大石棚子乡榆树沟两个野生人参调查点日光照最强时间为下午 1～2 时，13 时第一调查点光照为 37 633lx，同一时间林内裸露光为 91 300lx，野生人参生长点光照为林裸光照的 41.22%，光照时间持续 26 分钟后变弱；14 时第二调查点光照为 13 833lx，为同一时间林裸光照的 22.94%。第一调查点平均光照为 5 108lx，林内裸露平均光照为 56 727.27lx，第一调查点平均光照占林内裸露平均光照的 9%；第二调查点平均光照为 3 981.73lx，占林内裸露平均光照的 7.02%。

从以上调查测定结果看出，抚松、浑江两地野生人参调查点日照变化范围为 357lx～37633lx，最高为浑江大榆树沟第一调查点，光照为 37 633lx，占林裸光的 41.22%，但仅持续 26 分钟后，光强变弱，短时间内强光照射对野生人参的生长发育不会有影响。其余光照均不超过林裸光的 10%。另外以浑江调查点为例，同一天测定大石棚子乡办参场单透光棚栽参 8 时至 18 时平均光照为 29 533lx，而两个野生人参生长点的平均光照为 4 580.87lx，野生人参的光照占棚下园参光照的 15.51%。可见野生人参生长地的光照是很弱的。另据孙宏法等人测定，在野生人参生长期的 5—9 月，南坡、西坡和平岗地月平均光照为 1 913 ~ 2 060lx，北坡和东坡为 1 432 ~ 1 580lx，前者比后者高 30% 左右；除东坡 5—6 月外，其余每日 14 时的光照度平均高于 8 时的光照度；各坡向均以 8 月最高，可达 2 200 ~ 3 200lx。其次是 9 月 >7 月 >6 月，5 月最低，光照为 950 ~ 1 600lx；日光照度最高值为 11 600lx，一般出现在 8 月中旬，日光照度最低值为 50 ~ 80lx，一般多出现在阴雨天。

2. 温度

（1）气温。野生人参生长地 5—9 月林间气温一般为 10 ~ 30℃；5 月上、中旬开始，林间昼温 8 ~ 12℃，夜间 5 ~ 10℃以上；7—8 月份林间最高昼温 30℃左右，夜间 18 ~ 22℃；9 月中旬气温开始下降，一般为 12 ~ 22℃；昼夜温度差 5—6 月为 5℃左右，7—8 月为 10℃左右。每天 4 时气温最低，14 时气温最高。

（2）地温。为了掌握野生人参生长地的地温变化情况，我们对浑江大榆树沟和抚松大顶子西北岩生长野生人参的地方进行测定，结果见表 2-1-2。

表 2-1-2 野生人参生长地温度日变化情况 单位：℃

项目调查时间	浑江大榆树沟（1997.8.10）			浑江大榆树沟（1997.8.10）	
	5 厘米地温		林间气温	5 厘米地温	
	第一调查点	第二调查点		第一调查点	第二调查点
8 时	16.5	16.0	18.5	13.7	13.7
9 时	16.5	16.0	18.7	13.7	13.7
10 时	16.5	16.0	19.8	14.0	13.8
11 时	16.5	16.1	20.8	14.0	14.0
12 时	16.8	16.2	21.5	14.2	14.0

（续表）

项目调查时间	浑江大榆树沟（1997.8.10）			浑江大榆树沟（1997.8.10）	
	5 厘米地温		林间气温	5 厘米地温	
	第一调查点	第二调查点		第一调查点	第二调查点
13 时	16.8	16.5	22.5	14.5	14.2
14 时	17.0	16.8	23.3	14.5	14.5
15 时	17.3	17.0	24.2	14.5	14.7
16 时	17.4	17.5	24.0	14.7	14.7
17 时	17.5	18.4	23.0	14.7	15.0
18 时	17.5	18.4	22.5	14.8	15.0
温差	1	2.4	5.7	1.1	1.3

从表 2-1-2 看出，抚松和浑江两地 4 个野生人参调查点，5 厘米地温白昼变化平稳，在 8～18 时温差较小，抚松野生人参生长地温差为 1.1～1.3℃；浑江野生人参生长地温差为 1.0～2.4℃。地温昼变化平稳，温差较小有利于野生人参生长。据另外调查，5 月上旬各坡向地温均高于 5℃；7—8 月份野生人参生长旺盛期地温达最高值，5 厘米土层地温可达 17～20℃，9 月份开始下降到 14～19℃；平岗地、南坡、西坡地温比北坡、东坡高；5—6 月份各坡向均以 5 厘米地温最高，向下层依次下降；进入 7—8 月份后，5 厘米和 10 厘米地温接近；0～10 厘米地温变化较大，温差可达 2℃左右，10～20 厘米地温昼夜变化不大。

3. 湿度

（1）空气相对湿度。为了摸清野生人参生长地林间空气相对湿度昼变化情况，我们于 1987 年 6 月 26 日和 8 月 10 日对抚松县北岗镇大顶子西北岩和浑江市三岔子区大石棚子乡大榆树沟野生人参生长地林间空气湿度进行测定，结果见表 2-1-3。

表 2-1-3　野生人参周围林间空气湿度昼变化情况　　单位：%

项目调查时间	浑江大榆树沟（1987.8.10）		抚松大顶子西北岩（1987.6.26）	
	第一调查点	第二调查点	第一调查点	第二调查点
8 时	95	93	89	90
9 时	93	93	85	79
10 时	93	93	62	64
11 时	89	91	59	60

（续表）

项目调查时间	浑江大榆树沟（1987.8.10）		抚松大顶子西北岩（1987.6.26）	
	第一调查点	第二调查点	第一调查点	第二调查点
12 时	85	84	59	57
13 时	79	76	54	55
14 时	74	74	55	55
15 时	74	69	70	69
16 时	66	69	76	74
17 时	75	65	80	79
18 时	79	70	89	86
平均	82	79.73	70.3	69.82

从表 2-1-3 看出，抚松、浑江两地野生人参生长地的林间空气相对湿度白昼变化有所差异，主要由于野生人参生长地坡向不同所致。抚松大顶子西北岩山参生长在平岗地，上午 11 时至下午2 时林间空气相对湿度较低，但也都在 50% 以上，最高与最低相差 35%，上午 8时至下午6 时平均空气相对湿度为 69.82% ~ 70.73%；浑江山参生长地地处西北坡，所以下午 3 ~ 5 时林间空气相对湿度较低，但也都在 65% 以上，上午 8 时至下午6 时平均空气相对湿度为 79.73% ~ 82%，最高湿度与最低湿度相差 28% ~ 31%。据另外调查，山参生长地林间空气相对湿度，5—6 月份为 55%，7—8 月份达 80% 以上，9 月份随雨量减少而下降至 50% 左右；昼夜空气相对湿度变化较大，夜间可达 80% ~ 90%，昼间 50% ~ 70%。

（2）土壤湿度。野生人参生长地土壤常年处于湿润状态。5 月前后冰雪融化，土壤上层含水量较高；6 月下旬至 7 月上旬，气温升高，降水少，土壤水分略有下降。土壤湿度因地形而异，坡地 0 ~ 10 厘米土层为 54%左右，10 ~ 20 厘米土层为 28%；0 ~ 10 厘米土层平均湿度为 69%左右，10 ~ 20 厘米土层湿度为 31%左右。

三、适宜野生人参生长的土壤特点

调查野生人参生长地的土壤为棕色森林土或山地灰化棕色森林土，富含有机质，排水透气良好，呈微酸性（pH 值为 5.5 ~ 6.5）。表土层（3 ~ 11 厘米）中有机质含量为 6.66% ~ 27.55%，腐殖质含量（总碳）

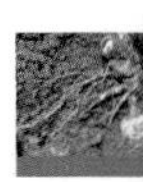

为 3.86% ~ 15.99%。据王韵秋对山参生长地土壤理化性状测定，土壤比重为 2.36 ~ 2.55；容重为 0.49 ~ 0.71；总孔度为 72% ~ 79%；固、液、气三相比协调，固相 20.70% ~ 27.62%；液相为 23.62% ~ 25.73%；气相为 48.86% ~ 55.70%。据王铁生等人测定，吉林大山参生长地土壤中无机元素有 23 种，其中含量较高的有 Al（铝）、Na（钠）、Fe（铁）、Ca（钙），K（钾）、Mg（镁）、Ti（钛）、B（硼）；其次是 Zn（锌）、Mn（锰）、Ba（钡）、P（磷）、As（砷）、Sr（锶）；Cu（铜）、V（钒）、Cr（铬）、Co（钴）、Ni（镍）、Li（锂）、La（镧）、Hg（汞）、Cd（镉）含量较少。山参生长地土壤中某些化学指标见表 2-1-4。

表 2-1-4　山参生长地土壤中某些化学指标

取样地点	深度（厘米）	pH 值	百克土中毫克当量数			盐基饱和度(%)	百克土中毫克当量数			全氮（%）	全磷（%）	C/N
			代换量	代换性盐基	代换性氮		水解性 H	P_2O_5	K_2O			
抚松	0~10	5.7	30.51	22.54	7.97	73.86	14.34	2.71	17.75	0.50	0.95	10.3
集安	0~10	5.57	23.94	20.98	2.96	87.64	13.24	2.87	18.77	0.41	0.53	11.5
安图	0~10	6.8	—	—	—	—	18.46	5.86	22.0	0.92	0.35	8.9

王铁生等人对吉林最大野生人参生长地土壤剖面进行调查，特征如下。

A0 层，0 ~ 2 厘米：为枯枝落叶层。

A1 层，2 ~ 10 厘米：为腐殖质层，棕黑色，团粒土壤，结构疏松，比较湿润，有细小的杂草根系和大量半分解状态植物残余物。土壤湿度为 59.1%。

A2 层，10 ~ 18 厘米：为棕色壤土层，疏松、潮湿、伴有石砾，根系较多，下层为过渡层，较明显，土壤湿度 46.2%。

B1 层，18 ~ 25 厘米：黄棕色，砂质土壤，较疏松，呈小块状结构，有乔木根系和小、中粒碎石（即活黄土层）。

B2 层，25 厘米以下：黄棕色黏壤土，有乔木根系和较大的石块。

A1 层——A2 层土壤混合测定 pH 值为 5.2 ~ 5.4。

经实地调查和走访有放山经验的参农证明，野生人参根系多分布在 A2 层以上土壤中。少部分根系分布在 B1 层土壤中，B2 层以下土壤基

本没有野生人参根系分布。

图 2-1-2 适宜野生人参生长土壤

因此概括适宜野生人参生长的土壤理化特性：生长野生人参的土壤以暗棕色森林土和白浆土为主，也分为三层，叫“下三层”，表层为枯枝落叶层 0～5 厘米，结构好透水通气。第二层为棕黑色土，有机质含量 7%～15%，土壤结构疏松，较湿润。团粒结构、上松下紧，透水通气，水、气、热适宜，湿而不涝、旱而不干，暖而不燥、凉而不冷，自然含水量 30%～55%。这一层厚度为 5～18 厘米，俗称“蚂蚁蛋”土。第三层为浅蓝灰色，或黄灰色，土质黏滞，易存水，石块较多，为灰化层次。这种土壤全量养分丰富，速效养分适量，上、下层差异明显，既能满足生长需要，又不使其徒长。老百姓称这种土壤为“铺金褥子，盖黑被”，是理想的适宜野生人参生长的土壤（见 2-1-2）。

四、适宜野生人参生长的植被特点

所有的野生人参都生长在深山密林中，主要生长在针阔混交林或杂木阔叶林下，由乔木、灌木、草本植物构成天然屏障，为其遮阴创造良好的条件。野生人参一般不生长在纯柳树林、杨树林、桦树林和纯针叶林中。

据调查，野生人参生长地的植被组成主要为，乔木类有：红松、油松、柞栎、春榆、裂叶青榆、糠椴、紫椴、蒙椴、色木槭、假色槭、槐树、刺楸、水曲柳、枫桦、白桦、黄檗等。灌木类有：刺五加、鸡树条荚蓬、东北茶藨、龙牙楤木、千金鹅、耳枥、榛、金钢鼠李、胡枝子、忍东、托盘、东北山梅花、堇叶山梅等。草木植物有：假茴芹、庵蒿、斑点虎耳草、鹿药、落新妇、银线草、蔓乌头、东风菜、蓝萼香茶菜、东北羊角芹、山尖菜、球果菜、羊胡子苔草、铃兰、荠苨、龙牙草、单穗升麻、水杨梅、斜茎黄芪、轮叶百合等。藤本植物有：五味子、山葡萄等。蕨类植物有：凤尾蕨、粗茎鳞毛蕨、猴腿蹄盖蕨。苔藓植物有：葫芦藓、

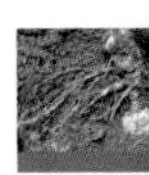

金发藓、万年藓、苔藓等。真菌植物有：松蕈（松蘑）、蜜环菌（榛蘑）、扫帚蘑、斑豹毒伞等。可以概括为：适宜野生人参生长最好的植被分为三层，上层以针阔混交林为主，树龄在20年以上。主要的乔木树种有：红松、柞树、桦树、杨树、椴树、色树、榆树、槐树等，树干高大，枝叶繁茂，构成山参生长的第一层遮阴，郁闭度在0.6～0.8。中层为灌木层，树种有毛榛、刺五加、山葡萄、复盆子、丁香、龙牙葱木、五味子等。下层为草木植物，有蕨类、山蒿、赤芍、木贼、柴胡、龙胆、细辛等（生长山参的地段基本生有铁线蕨）。植被以混交林为好，乔灌草三层遮阴，密而不闭、透而不敞、多斜光。山参生长期，叶面平均光照为1600～300lx，郁闭度为0.7～0.8（图2-1-3至图2-1-5）。

根据我们的调查，进一步证明野生人参要求适合它的严格环境条件，这些条件归纳起来有以下几点：

第一，需要合适的光照：野生人参绝不生长在完全暴露或完全荫蔽的场所；郁闭度一般为0.7～0.9。而且对野生人参来说，光照在一天之内也有变化，早晨由于阳光斜射，光可从树干空隙中穿入，因此树冠的郁闭度很小，在人参及其及附近阴影遮盖的面积仅50%～60%，至中午由于阳光直射，光被树冠遮盖，郁闭度最大，人参及其附近阴影遮盖的面积达90%，甚至于100%。至下午4时半以后由于阳光斜射又逐渐回复似早晨的情况。所以野山参惧怕强光和烈日的直射，而喜爱散射光和较弱的阳光。有经验的挖参者在他们长期的实践中证明，如果不是过强的光线，在较多光照的场所或在阳坡的野生人参，生长发育较快，根部产量也较大，这种生物学特性，在我们进行栽培人参和光照条件的统计工作中得到了进一步的证明。

第二，需要适中的水分条件：野生人参生长在排水良好和中等湿润的土壤中，而不是生长在太干或太湿的土壤中。根据我们的调查和挖参者的经验，在局部洼地或河沟边因为容易积水，所以不生长野生人参，但过陡的山坡由于水分容易流失和水土冲刷，野生人参也不生长。在土类方面，沼泽土、草甸土和冲积性土壤由于地下水位较高，排水困难，所以也没有发现过野生人参。

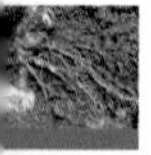

图 2-1-3 适宜野生人参生长的生态环境

图 2-1-4 适宜野生人参生长的第一层第二层乔木和灌木环境

图 2-1-5 适宜野生人参生长的第三层草环境

第三，需要腐殖质含量较高、结构比较疏松的微酸性土壤：因为野生人参的生长地都在深山密林，那里的土壤由于长年枯枝落叶的堆积，其分解产物——腐殖质非常丰富，土壤结构也比较疏松。在东北野生人参的分布地区，这类土壤一般都是棕色森林土或山地灰化棕色森林土，土壤的化学反应呈弱酸性或中酸性，pH 值 5.5 ~ 6.2。我们发现的野生人参也都是生长在这类土壤中。

综上所述，野生人参主要分布地区，一年中平均气温 ±10℃的候

数为 24 ~ 25 候，年降水量 500 ~ 1 000 毫米。土壤为棕色森林土或山地灰化棕色森林土。生长野生人参的植物群落主要为针叶阔叶混交林及杂木林；前针叶混交林，组成的主要树种有红松、色木槭、紫椴、糠椴、黄檗和青榆等。杂木林主要有柞栎、色木槭、紫椴、青榆、春榆和千金鹅耳枥等。野生人参一般不生长在柳树林、杨桦林、纯落叶松林以及纯针叶林中。

第二节　野生人参的生长发育规律及生物学特性

野生人参与园参同种，野生人参通过人工长期驯化栽培，变为园参；将园参种子播到林下，在自然条件下生长数十年乃至上百年后，又成为野山参（野生人参），两者间的形态互变，主要是由于环境条件变化所致。同一个品种，在不同的环境条件下生长，不仅形态上发生变化，其生长发育规律也不相同。人工护育山参，必须首先了解和掌握野山参在自然条件下的生长发育规律，它的生长发育规律是以环境条件为前提，改变了环境条件，也就打破了它的生长发育规律。所以要想遵循野生人参的生长发育规律，人工护育山参必须按照野生人参的自然环境条件，人工播种后自然生长数十年后，才能长成为野山参；即播种后，自然生长于深山密林 15 年以上的人参。

一、野生人参的生长发育规律

1. 野生人参的生长年限与植株形态发育关系

经实地调查和访问有放山经验的参农，初步了解到自然生态下，野生人参的生长年限与植株形态的变化，无园参那样的形态变化规律。生长 1 ~ 5 年的野生人参幼苗，地上部植株多数是三花，个别者为巴掌；生长 5 ~ 10 年的野生人参，多数是巴掌、三花，个别为二甲子；生长 10 ~ 15 年的野山参，多数是二甲子、巴掌，个别为三批叶（灯台子），一般不开花或开花后败育，很少结果；生长 15 ~ 20 年的野生人参，仍多数为二甲子，少数是三批叶，部分植株开花结果；20 年以上，随参

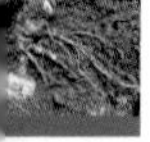

龄的增长，由三批叶缓慢地发育成四批叶、五批叶和六批叶，但需生长时间更长。生长 40 ~ 50 年的野生人参，其形态多为灯台子和四批叶。在正常情况下，一般同一形态生长发育尚需 5 ~ 10 年，才能转为另一个形态生长。甚至在不良条件影响下，反而由灯台子转为二甲子或巴掌。野生人参地上植株形态缓慢的生长发育变化，也造成地下参根缓慢的增重规律，足以说明野生人参生长缓慢的特点（图 2-2-1 至图 2-2-5）。

图 2-2-1 三花 图 2-2-2 巴掌 图 2-2-3 二甲子 图 2-2-4 二灯台子 图 2-2-5 二四品叶

2. 野生人参的根系生长与分布

经调查发现，野生人参在三花和巴掌阶段（转胎参除外），根系均向垂直方向生长。三批叶以后主根大都向水平方向生长，或主根呈垂直方向生长，支根和须根朝水平方向生长。一般情况下，野生人参的根系均生长在腐殖土层和棕色壤土层中，这与这两层土壤疏松、肥沃、温度和水分适宜有关。成龄野生人参植株根系在土壤中分布面积大致和地上部营养面积相等或略大，扩展直径为地上植株以下 30 ~ 50 厘米的周围内。

3. 野生人参生长年限及根重变化规律

野生人参生长年限与年平均增重密切相关，为揭示这种相关关系的变化趋势，了解不同参龄区间的根重变化规律，我们自 20 世纪 80 年代中期亲自深入长白山区采挖山参和到收购山参部门调查了 430 余苗不同生长年限的野生人参样本，综合所得到的资料，将其列入表 2-2-1。

经数据分析表明，野生人参根重随生长年限的延长而增加，但每一

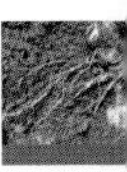

株山参生长跟所处的生态环境有关系，所以野生人参根重增长速度也不一致，从表5的年平均增重量可粗略的划分为3个不同阶段：1～50年段，野生人参根增重较缓慢，年平均增重0.5～0.7克；50～125年段，参根增重较快，年平均增重1～2克；生长125年以后，参根增重较为明显，年平均增重3.3克左右。

表2-2-1 野生人参生长年限及根重变化

估计生长年限	调查株数	平均根重 X±S（克）	年平均增重量（克）
1	60	0.07±0.02	0.07
2	40	0.12±0.04	0.06
3	40	0.18±0.03	0.06
4	5	0.76±0.10	0.19
5	5	1.27±0.35	0.25
6	5	1.70±0.07	0.28
7	8	1.94±0.55	0.28
8	16	2.09±0.53	0.26
9	8	2.13±0.83	0.24
10	42	2.37±0.83	0.24
11-15	125	2.94±0.79	0.20-0.27
16-20	34	4.44±0.90	0.22-0.28
21-30	19	8.41±3.81	0.28-0.40
31-40	11	10.48±4.40	0.26-0.34
41-50	3	25.00±3.21	0.50-0.61
51-100	3	55.83±12.37	0.56-1.09
101-150	2	296.25±12.37	1.98-2.93
151-200	2	495.55±57.28	2.30-3.04
201-300	1	687.5	2.29-3.42

从以上野生人参的不同生长年段与根增重变化关系分析认为，1～50年段幼龄时期参根增重缓慢，主要原因一是地上植株矮小，地上营养面积小，其他植物为参苗遮光，光合产物低；二是树木杂草等根系与野生人参根系争夺水分和养分，致使山参地下根系短小，吸收水分和养分不足，所以导致参根生长缓慢，年平均增重量低。50年后随参龄的增长，其植株形态亦相应的发生变化，地上营养面积逐渐加大，光合产物也逐渐提高，地下根重也逐渐增高，参根增重较快。125年以后生存下来的

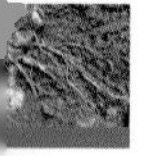

野生人参，多数主根或支根受到外界影响而残缺，由艼衍变成根，所以参根增重较为明显。了解和掌握野生人参的生长年限与根重变化规律，对人工护育林下山参具有十分重要的意义。

二、野生人参的几种生物学特性

1. 生长缓慢特性

由于野生人参生长的自然环境条件要比栽培人参为差，例如，土壤结构更为紧密，林中的光照较少，同时在野生人参的周围还生有杂草会夺去它的一部分养料等，因此它的个体发育过程也比栽培人参来得缓慢。一般栽培人参每年可以增加一个复叶，而野生人参却需要几年，同时根部的增长速度野生人参也远较栽培人参缓慢，我们在吉林省抚松县和集安县二地所作的根部测定工作可以说明这个问题（表 2-2-2）。

表 2-2-2　不同年限栽培人参与野生人参的根重比较

栽培人参			野生人参		
生长年限	平均根重及均数标准误，g	例数	估计年限	平均根重及均数标准误，g	例数
1 年生	0.21±0.01	49	10 年—	3．84±0.87	22
2 年生	1.45±0.06	65	20 年—	6.123±0.97	17
3 年生	3.68±0.52	15	30 年—	17.04±2.42	13
4 年生	12.14±0.67	56	40 年—	21.13±9.19	4
5 年生	18.90±0.83	63	50 年—	25.00±3.21	3
6 年生	24.99±0.29	67	60—80 年	55.83±14.20	3
7 年生	45.04±2.73	34			

注：野生人参生长的年限，有经验的挖参者和人参的收购人员可以根据人参根部芦头（即根茎）的长短，芦碗（地上茎残留痕迹）的数目并参照其皮色的老嫩（即主根外皮的致密度）等指标作出估计。表中野生人参的估计年限就是请有经验的挖参人鉴定的结果

2. 受损休眠再生特性

野生人参每年 7 月中下旬开始产生次年芽孢，于 9 月末全部形成，于翌年 5 月上旬出土，每年只能出土一次。如在生长期内，地上植株机械死亡，地下根仍然生存，能在土壤中休眠一年或数年，待内外条件适合时还可以形成新的芽孢，再生长为新的植株。当它的主根受到伤害被侵染病害或被鼠虫嗑、咬而腐烂时，它的侧生根（艼）还可以代替主根继续生长，会在仅剩余的艼芦上产生芽孢，然后生长为新的植株，所以很多野生人参被称为艼变野生人参。当它的侧根、须根受到损坏、还会

从主根上再产生一些新的须根，体现了山参很强的再生能力。

由于野生人参的受损休眠再生的特性，造成经常出现野生人参地上植株在野生人参整个生长过程中经常出现倒转现象，即上一年的野生人参地上是五批叶在芽孢受损后，或者越冬休眠后其地上部会长出三批叶或二批叶，即是所谓的“转胎”。

3. 抗逆性强的特性

（1）耐阴性。野生人参在生长期间需光照，但怕强光暴晒，适宜在郁闭度为 0.6 ~ 0.8 的森林条件下，伴生稀疏杂草。

（2）耐寒性。野生人参可在零下 40℃的低温条件下安全越冬。春季地温 5℃时开始萌动，出土后，遇到一般霜冻危害，在 0℃左右茎叶一般不会冻死，缓冻后可维持生存。如果在秋季遇到早霜冻害，茎叶就将随之冻死。

（3）耐旱怕涝特性。野生人参有较强的耐旱性，在干旱条件下，只要有几条根伸长在湿土中，就不会被干死。山参表皮肤厚、体内水分不易散失，即使土壤水少，参根萎缩，一旦遇到降雨就会很快恢复正常。

4. 斜式生长特性

野生人参根部多呈斜式生长，直立者很少。野生人参的根部在一批叶阶段，都向垂直方向生长，至三批叶以后主根大都向水平方向生长，或者主根垂直而支根呈水平方向生长，但是细根和须根都有趋向土表生长的情况。如缓坡地山参的艼须大多数都是顺坡向上生长，一般拨开腐殖质层 5 厘米左右可见芦头，从芦头、主根到须根多呈船底形。当须根长到一定深度时（一般不超过 20 厘米）不再向下深扎，而是沿着腐殖质层水平方向伸长，吸收水分、营养。

从调查的实例以及访问有经验挖参者的结果，发现野生人参的根系几乎全部分布在土壤的腐殖质层中，这主要是由于腐殖层中土壤的肥比其他层次特别得高，并且物理结构也比较疏松的缘故。野生人参在天然状态下为了能够吸收到足够的养料，其根系的分布面积也比较广，在成株时根系分布面积和地上部分的营养面积相等或略大，几乎布满于 30 ~ 50 厘米直径的周围内。

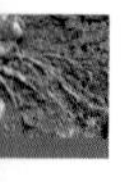

5. 两次返须特性

人参每年返两次水须（在野生人参生长过程中表现明显）。第一阶段：茎、叶出土到果实成熟是一个返须到老化的过程。在芽胞开始萌动到形成植株时，是水须生长的旺盛阶段水须呈现白色半透明状，植株成形到果实成熟前是第一次返的水须的老化阶段，这时春天已经返上的水须，生长点部分由于营养不良、干旱等原因一般暗粗老化，萎缩脱落。植株形成到红果前，主根部分营养转化，供给茎叶和种子形成。此时主根呈现浆气不足，似海绵体柔软。

第二阶段：从果实成熟到茎叶枯萎，芽孢已形成，此时叶片光合作用所制造的有机物开始向根部运输贮存，参根生长加快，是根部的增重阶段。此时有少量的水须再次生出。此后气温下降，根部积累的淀粉开始转化成糖类，根的总质量有所减轻，而进入休眠状态，完成一个生长周期。

第三章

野山参、移山参人工培育技术

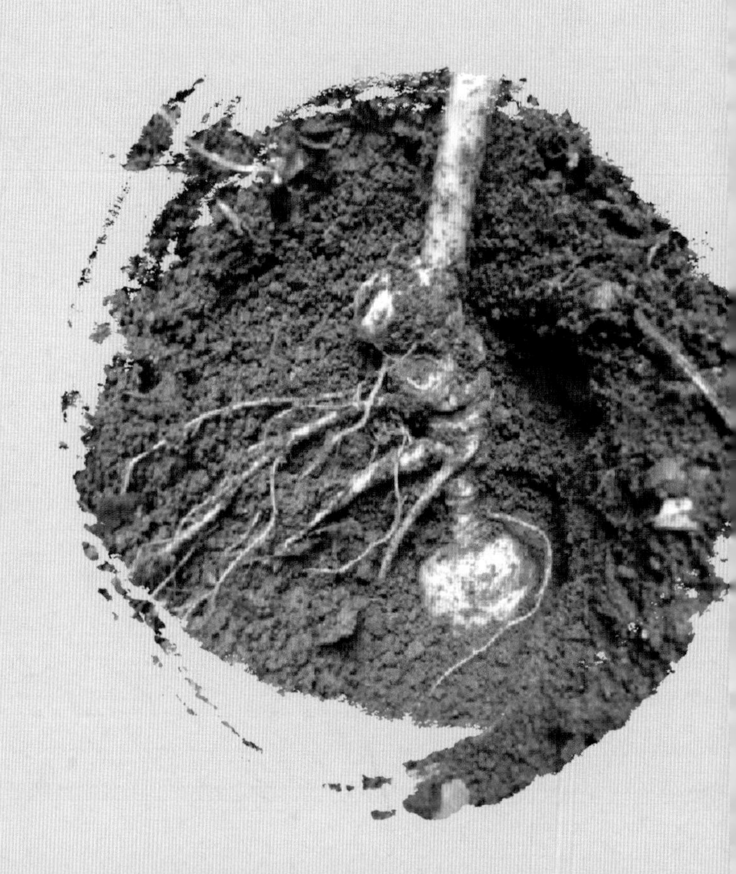

人工培育野山参、移山参一个重要问题是改变种园参的习惯和操作方式，既不能整土做床，也不能苫膜，因为这既破坏了自然资源，也影响了山参的形态和质量。要模仿野生人参的生长方式来培育山参。

进行人工培育的林下山参有两种：一是野山参。即播种后，自然生长于深山密林 15 年以上的人参。二是移山参。即移栽在山林中具有野生人参部分特征的人参。

第一节　野山参、移山参人工护育基地的选择与清理

一、护育基地的选择

林下山参护育是一项长期工程，从播种到收获短则 15 年，长达几十年甚至上百年，自然生长时间越长，根形越酷似野山参，重量越大，价格越高。如果林地选择不当，护育几十年后因保苗率低，符合山参根形率低，红皮病严重等原因导致失败，不仅浪费人力、财力、还浪费了资源和时间。所以山参护育林地的选择尤为重要，它是关系到山参护育成功与否的关键环节。

1. 海拔高度与坡向的选择

长白山区的野山参主要生长在 400 ~ 1 100 米的海拔高度范围内，我们地处长白山脉，可以按照野山参的生长范围去选择，对于 200 ~ 300 米的低海拔林地要慎重选用，必须小面积试种几年，成功后再大面积推广。超过 1 100 米的海拔高度要看树种，凡是针阔混交林的地方也可以种植山参。在选定山场后以选用林地的北坡、东北坡和东坡最适宜。南坡和西坡要根据林木的分布密度来选择，对于局部透光度、空气湿度，土壤条件适宜的地方可以种植山参。南坡和西坡那些透光度大，空气干燥，土壤瘠薄的地方不能种植山参。最好选择 20° 以上，40° 以下的坡度种植山参。坡度过陡或过坦的地带不能种植（图 3-1-1）。

图 3-1-1 宜选择地势

2. 植被的选择

根据野山参生长地的植被分布物种和人工护育山参的实践证明，树龄在 20 年以上的针阔叶混交林或阔叶杂木林是山参生长的最好林地。生长 15 年以上，经过疏枝整理，透光适宜的落叶松林地也可以种植山参。天然林林木分布平均，乔木、灌木、草本植物结构合理。林木过稀，蒿草生长茂盛的地方光照过大，不能种植山参。林木过密，林下草本植物稀少的地方光照太弱，需要修整乔木树冠，间伐小灌木达到合理透光度后方能种植山参。纯柞树林、杨树林、柳树林、桦树林下不适宜种植山参。因为纯柞树林多生长在山地南坡，光照、空气湿度和土壤水分都不适合山参生长，柞树叶大而多，落叶后地面覆盖严密，参苗不易出土，另外柞树果实落地后招引花鼠和山鼠，参根和果实易遭鼠害。纯杨树、柳树、桦树的林地地下水位高，土壤湿度大，参根易患红皮病（图 3-1-2）。

图 3-1-2 人工护育基地宜选择的植被

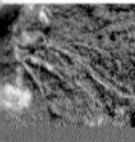

3. 土壤的选择

林地土壤的好坏与山参根形标准率和参根发病率有直接关系。人工护育山参选择林地土壤要注意以下几方面：一是要看土壤结构是否合理，一般都是腐殖土层和棕壤土层加合一起达到20厘米深左右，下层为活黄土，活黄土下层为黄黏土，这样的土壤结构合理，通透性能好，适宜山参生长。腐殖土层过厚含水量大，不仅参根生长过快，符合山参根形率低，而且还容易患锈腐病和红皮病。腐殖土和棕壤土下面就是黄黏土的结构，通透性差，土壤含水量过大，培育出的山参容易得红皮病。二是要看土壤松紧度和干湿度，土壤过于紧硬，会使山参生长缓慢，延长作货年限；土壤过于松散，参的肩部长不出紧密而深的横纹，体态也放纵，长不出山参根形。另外土壤过于松，保水能力差，容易干旱，山参保苗率低。可以通过林地杂草来验定土壤的松紧度和干湿度，一般情况下，林地星散地长有多种带状叶和椭圆形叶草本植物，这些草本植物茎秆挺实，叶面新鲜，即可证明这一地带土壤的松紧干湿度适宜山参生长（图3-1-3）。

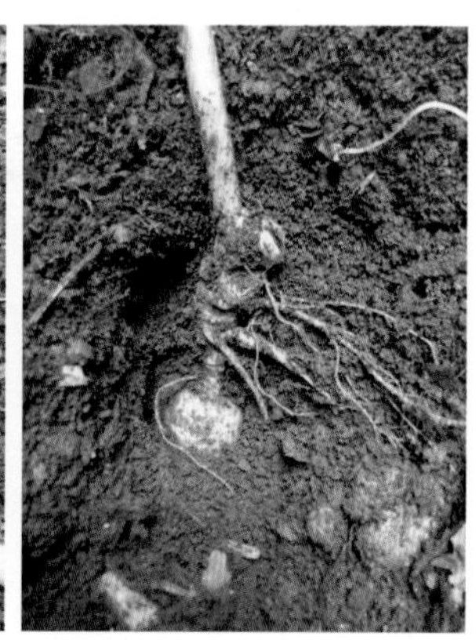

图3-1-3 人工护育基地宜选择的土壤

二、护育基地的清理

选定种植山参的林地之后，下一道程序就是清理林地的工作。林地清理的合理与否，直接关系到山参保苗率、符合山参标准率以及最终产值的大事，必须认真对待这道程序。要怎样清理林地呢？可以按照以下几个方面去操作（图3-1-4）。

1. 改造树种布局

在自己承包或租赁的山场中，每一个坡向或区域内，有的树种适宜

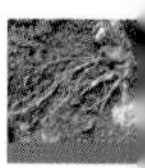

图 3-1-4 人工护育基地清理

山参生长，有的树种不是十分适宜山参生长，在不是十分适宜山参生长的区域内需要改造树种布局，逐步淘汰楸、椴、柞等大叶树种，因为这些树种树冠大、叶子大、遮光严密，造成树下地温低凉，并且地面聚积的树叶太厚，影响参苗出土和正常生长，要逐步更换上刺槐、白榆等速生树种，改变自然树种布局不合理的生态环境，以达到适宜山参生长的自然环境。

2. 保证树木开窗开门

所谓树木开窗开门，系林下透光率的术语，开窗开门就是指乔木分布合理，高层（乔木）树冠遮光适宜，有部分光照可以照进林内，乔木下面生长灌木和草本植物，高层乔木开了门窗，风、光、雨露才能够通达地面，有了两层遮光树，才能把林内的风、光、雨露调解均匀，才有符合山参生存生长所需的自然环境。如果树林没有开窗开门，是指乔木郁闭度过大，林下不生长小灌木和草本植物，这种环境种植山参也得失败。所以，在清理林地时，对于林下那些小灌木和小乔木的去留，必须慎重处理，要因地制宜，具体做法是：凡是长草较多的地面，就证明光照较强，所以林下的小灌木和小乔木就不要动，要保留两层遮光树。如果割掉了这些小树棵子，地面的光照就会更加增强，地温也随之增高，一遇到天气干旱，参苗就会被旱死或晒死；凡是地面不长草或草稀少，说明这地方郁闭度过大，光照太弱，要对林下小灌木和小乔木进行适当清理，但不能一概全部清理掉，要逐步清理。

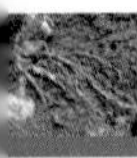

3. 林地的枯枝落叶应保留

林地的枯枝落叶有很多优点，它既能保持和稳定地表层土壤的温度，又能防旱保湿，还能防止水土流失，同时底层枯枝落叶不断腐烂，又能增强土壤中的有机质含量，起到改良肥化土壤的作用，所以不要把枯枝落叶清理掉，只需捡除较粗大的枯枝即可。

4. 林木清理要逐步进行，不要一次到位

参籽播种后的头两年，抗光能力较弱，林地的遮光度要大一些为宜，因为山参一、二年生小苗根系不发达，入土浅，不耐旱，光照大了小苗容易旱死或患感日灼病。到了第三年，参的根系增多而且伸长了，地上植株也健壮了，有了一定的抗光和抗旱能力，这时光照可以适当加大一些，能够促进参苗茁壮生长。也就是说到了第三年的时候，林地树木的清理才能够大体完成。但以后仍需年年观察，对不适山参生长所需光照的地方随时清理。山参的合理光照大体上以遮光度为 80%，透光度为 20% 较为适宜，光照过弱，山参生长缓慢，延长起收年限；光照过强，山参生长加快，会使参根跑形，朝园参方向发展，达不到山参标准，降低产值。所以，一定要掌握山参的合理光照，适当调节林下的透光度。

第二节　野山参的人工护育技术

一、种子的选择与处理

1. 种子的选择

多家人工护育野山参的用种实践证明，护育山参所需的种子最好是林下参籽。野山参人工护育第一关就是选好种子。选择野山参种子，首先要选择野山参基地本身采出的种子，如能选“野山参”种子更佳。如果选用园参种子，长白、抚松、靖宇、延吉、安图、敦化一带，应选择“大马牙”农家品种，因为大马牙农家品种是适宜这一带生长的品种。如果在集安、通化一带则应选择“二马牙”“圆膀圆芦”或“长脖”农

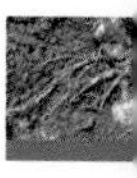

家品种的种子，作为野山参繁衍的种子。另外最好选用当年的新籽，选用健壮无病、籽粒饱满的种子。陈旧的种子，干瘪的种子，风干的种子不能选用。

2. 种子催芽处理

人参种子具有休眠特性，需经形态后熟和生理后熟方能出苗。在东北人参主产区，特别是无霜期较短的参区，这两个后熟过程在自然条件下，需经21个月左右才能完成。若将采收的种子及时进行人工催芽，3～4个月即可完成胚的分化，后熟期缩短1年以上。尽管人参种子经人工催芽可缩短时间，但在吉林省也只有集安市，辽宁省的桓仁等县市所产的人参种子当年及时处理尚能完成其形态后熟，吉林省其他市县所产的人参种子需隔年处理才能完成形态后熟和生理后熟。由于人参种胚发育缓慢，而且对环境条件要求比较严格，因此，一般人参种子催芽均采用沙子或腐殖土做基质的层积方法进行。具体方法如下：

（1）种子消毒。人参种子表面常常带有各种病原真菌，致使人参种子催芽中和播种后，引起烂种或幼苗病害，因此，有必要对人参种子进行消毒处理。一般用1%的福尔马林溶液浸种15分钟，也可用咪唑霉400～1 000倍液或代森锰锌1 000倍液浸种2小时，防病效果很好。

（2）催芽时期。根据人参种子催芽的开始时间和用于播种的时间，将催芽分为夏催秋播和冬催春播两个时期。

① 夏催秋播：上年的干籽，于6月底前进行催芽，多在室外进行，8月下旬种子裂口，9月末种胚完成了形态发育，即可进行播种。

② 冬催春播：用当年采收的种子，于采后至10月上旬进行催芽，前期在室外，后期在室内进行。移入室内后，要及时调节温、湿度，防止室温过高或过低，当种子已有80%裂口，胚率达80%以上时，要及时进行冬贮，使其完成生理后熟。

两个催芽时期各有优缺点，比较而言，生产中多采用夏催秋播。特别是山参播种秋播好于春播。

（3）催芽方法。

① 槽式人工催芽：根据催芽种子的数量，可分别采用木箱、木槽或砖砌的槽型床等。用这种方法催芽，应注意掌握如下技术环节。

催芽场地：选择背风向阳、地势高燥、排水良好的地方，清除表土，周围挖好排水沟，留出晒种场，夹好防风障。

催芽箱规格：在平整好得场地上，放置催芽箱或床框，箱（框）高40厘米，宽90～100厘米，长度依种子数量而定（可用砖砌槽床）。为控制温度变化，框周围用土培严踏实。

催芽基质：催芽基质有纯沙、沙加腐殖土（2∶1，体积比）、纯腐殖土等。一般以纯沙为最好，纯腐殖土做基质容易烂种。为防止种子腐烂，催芽基质可先用1%沙重的多菌灵消毒。

浸种装箱：处理前，为使干种子充分吸水，先用自来水浸种1昼夜，捞出稍微晾干，再用过筛基质按种子1份、基质3份的比例拌匀装入箱内。由于在催芽过程中与木框直接接触的种子易腐烂，因此在装箱时，箱内侧四周最好放些纯基质，使种子不与木箱框直接接触。装完种子与基质的混合物后，整平并覆盖沙土10厘米厚，以保持适宜的温度和水分。

催芽期间的管理：搭棚 为防止强光暴晒和雨水进入箱内，要架设大小适宜、东西走向、北高南低的阴棚，防止积水。倒种 催芽期间要定期倒种，使箱内上下层温度和水分一致，通气良好，以利种胚发育。裂口前每隔10～15天倒种一次，裂口后每隔7～10天倒种一次。倒种次数少，容易烂种且裂口不齐。倒种方法，将种子从箱内取出，放在塑料布上，充分翻倒，并挑出霉烂粒。沙土过湿可放置背阴处晾一晾，不宜强光暴晒。调水 发现种层水分不足时，可浇水调节。一般在倒种前一天浇水，浇水量以渗入到种层1/3处为度，次日倒种，则种层水分基本均匀适量。如果用纯沙做基质，沙子含水量不宜超过15%，一般8%～10%；用腐殖土加沙催芽，含水量20%～30%为宜；纯腐殖土催芽，含水量30%～40%为佳。调温 催芽前期适宜温度为18～20℃，温度过低影响种胚发育，温度过高，超过25℃，种子易霉烂。箱内温度低时，可揭开遮阴物日晒；温度过高，可盖帘遮阴或放置阴凉处降温。裂口后

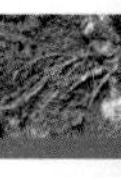

保持温度15℃左右为宜。

裂口种子冬贮：完成种胚形态后熟的种子，需在封冻前选择背阴高燥场地，挖一个窑，窑底用木头或石头垫起，将种子箱放入窑内，箱口高出地面15厘米，上覆薄膜，培土30厘米踏实。待土壤封冻后，再覆一层锯末或落叶，浇适量水，冻结后用帘子压好，周围挖好排水沟，防治桃花水浸入，翌春取出播种。

② 畦土自然催芽：所谓畦土自然催芽，即将种子和过筛细土混合好，埋藏在参畦中，令其在自然条件下完成胚的生长发育。催芽期间的温湿度随自然温、湿度的变化而变化，不进行任何管理。该方法比采用箱槽或人工催芽法简单、省工、省料，种子裂口整齐，种胚发育好，不烂种，安全可靠。

畦土自然催芽方法：利用待栽参的土垅，将畦土做成宽100厘米，深10厘米的土槽，先在槽底铺上尼龙网，然后按种子1份加过筛基质3份混匀，装在槽内，厚5～7厘米，摊平。然后在上面盖1层尼龙纱网，覆土10厘米，搂平畦面，上盖落叶或杂草，防治雨水冲刷。催芽期间不进行管理，6月末处理，10月上旬便可取出播种。在处理期间要勤检查，发现问题及时解决。

二、播种时期与办法

1. 野山参的播种时期

野山参的播种时期分为夏播、秋播和春播三个时期。夏播于7月中、下旬参籽成熟时，随采随播，人参种子播种到地里去完成形态后熟和生理后熟，该时期将水籽直接播种到林下，林下地温低，保证不了形态后熟所需的温度，参籽裂口不整齐，翌春出苗率低；秋播于10月份，播种“夏催秋播”的处理种子，其好处是种子不用冬贮，播种后在地下自然完成生理后熟过程，翌年春季出苗率高。另外秋播地面经过一冬的雪水沉积，来年春季已大体恢复自然状态，种子不会遭受鼠害；春播于4月份土壤解冻后，播种“冬催春播”的处理种子。山参播种少量尚可，如果大面积春播，存在两点不足，一是冬贮种子很难与林下

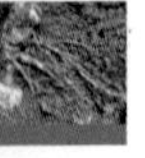

土壤解冻同步，大多数种子在播种时已萌动，有的种子胚根已生长很长，在筛除基质时容易将萌动的胚根损伤，甚至弄断。还有的种子根芽已生长很长，春播期间因长期时间在外裸露易萎蔫，胚根胚芽受损以后，播后严重影响出苗率；二是春季林地解冻后，林中的松树、花鼠、山鼠等鼠类也正赶上解除冬眠，都出洞活动觅食，它们的嗅觉非常敏感，只要是新种的参地，它们便会把参籽抠出来嗑食掉，到参苗出土时，便会发现缺苗现象，秋季还得进行二次补种。综上所述，三个播种时节以秋播最好。

2. 野山参的播种方法

目前，东北三省人工护育山参的个体和单位逐渐增加，播种方法也各式各样，没有统一标准，有的用镐勾沟条播，有的用镐刨穴点播，有的用木棒扎眼点播；有的漫山播种，有的顺山定行播种，有的横山定行播种，有的横山定垅、顺山定行播种。用镐勾沟条播的优点是林地利用率高。缺点是勾沟的地方植被被破坏，土壤疏松，参根生长速度过快，容易跑形。另外参苗比较集中，容易感染病害；用镐刨穴漫山点播的优点是林地利用率高。缺点是上山视察苗情、采种、采挖等作业不方便，在采挖大苗山参过程中，周围的小山参容易被践踏和被土埋；用木棒扎眼点播优点是不破坏植被，作业方便。缺点是人多手杂，扎眼深浅不一，有的种子在眼中与土壤接触不实，造成出苗不齐。另外，播种时一不注意，每个眼播 2 粒种子以上，参根在生长过程中容易拧成麻花股，不仅失去山参根形，还不便于採挖。无论采取哪一种方式都各有利弊，只要是利大于弊的方法都可以采用。下面四种野山参的播种方法介绍给大家，供参考。

方法之一：横山定垅、顺山定行、刨穴点播的方法，是辽宁省抚顺市草头王有限公司总经理邓宝金多年种植山参所总结出来的经验。其做法是：秋季在清理好的林地横山定垅，垅宽 2 ~ 5 米。以便于作业管理为宜，垅与垅之间的作业通道宽 1 米，顺山定行，行与行之间宽 1 米（图 3-2-1）。其优点是为平时进地管理、察看苗情、采收参籽等项工作提供了方便，而且採挖山参时可取大留小，避免附近的山参受土埋脚踩等伤害。播种方法为两人一组，一人拿镐横山刨穴，穴深 4 ~ 5 厘米，穴距

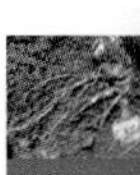

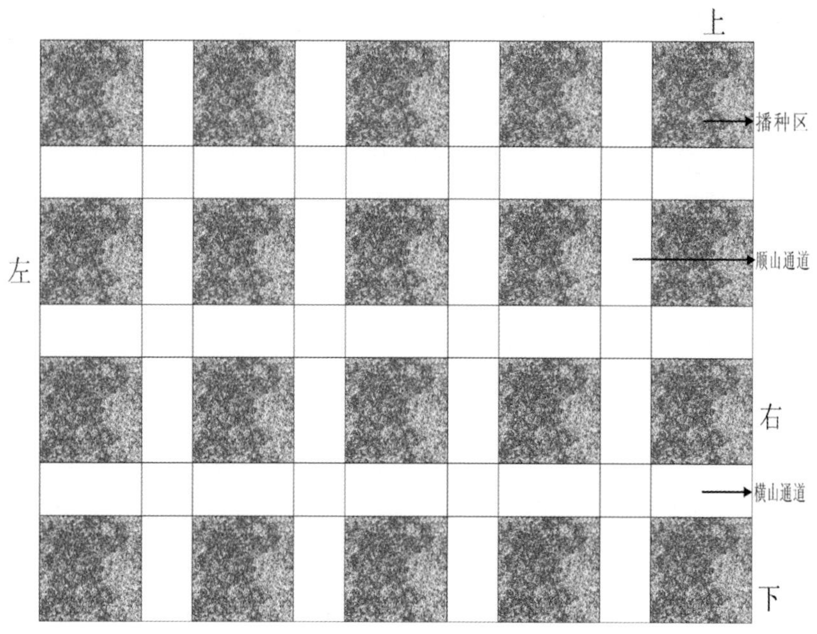

图 3-2-1 横山定垅、顺山定行、刨穴点播法播种示意图

20～30 厘米，后边一人播种、覆土，每穴播种 1～2 粒，覆土 2 厘米厚，用脚踩实，顺便带上枯枝落叶，防止春旱和鼠害（图 3-2-2）。

图 3-2-2 横山定垅、顺山定行、刨穴点播法出苗

方法二：点播；点要模拟野生人参生长的生态环境和土壤特性。在选好的地块上，采用梅花桩或满天星的方式播种。在地上用点播器或扎尖木棍扎眼，深 3 厘米左右，把经过消毒的种子（多菌灵、施乐时消毒），每穴放 2～3 粒，用脚趟土踩实，覆盖落叶。播种量每公顷 30～40 千克。扎眼播种法一般是两人一组，前面的人扎眼后边的人播籽覆土（图 3-2-3）。

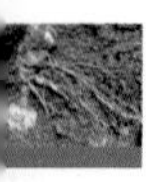

图 3-2-3 人工护育基地使用点播器点播法与出苗

该方法技术要点是：点播器扎的深度一定要足够，选用的棍子头一定要有尖，这样既好扎孔，又可使种子紧密接触土壤。播完籽一定要踩实，土越干越要踏实，防止籽吊干。这种播籽方法是比较好的方法，既保持了自然生态，又合理解决了郁闭度和土地的矛盾。因为郁闭大的地方，适宜的土地少（树根太多）。土地大的地方郁闭度小。

方法三：条播；用平刃镐先将地面土壤刨开（深度 2 ~ 3 厘米），把腐殖土分在两边，呈 20 ~ 30 厘米宽的长条状小沟（围山坡横劈，以免雨季出现洪沟），清除树枝杂草物，然后在沟里平面处，按一尺左右间距播，每处保持 2 ~ 3 粒种子（开口率在 90% 以上的种子），最后把沟两面的腐殖土合大沟里，用脚轻轻踩实，不能出现坑洼，以免存水，尽量保持地面原状。播种量，每公顷 50 千克，（图 3-2-4）。

方法四：穴播；选择适宜的空地用平刃镐搂出直径 50 厘米大小的

图 3-2-4 人工护育基地条播与出苗

平地坑，将种子均匀撒入，将搂出的树叶及草皮之恢复原样，脚踏实。播种量：每公顷 50 千克（图 3-2-5）。

图 3-2-5 人工护育基地穴播与出苗

第三节　移山参栽培技术

移山参，是将野生人参幼苗、园参体型类似于野生人参的幼苗移植到林下，自然生长至具备野生人参体型特征的人参，或是园参采收时遗留在池床土内，经过多年的自然生长，也具有部分野生人参特征的人参，行业内又叫林下趴。

移植山参在山参产区已有悠久历史。古时候，由于放山挖参的人少，野生人参资源又多，挖参人经常碰到成片的野生人参，那些成片的山参少则几苗、几十苗、多则上百苗，老少几辈生长在一起，成为片参。挖参人便把挖到的二钱重（10 克）以上的中货、大货拿去销售，那些二钱重（10 克）以下的小货怕被别人发现挖走，把它们挖出来拿到离家附近的山上重新栽植上，等到那些小货长大了再挖出来卖钱，这样就产生了移山参。

现在野生人参资源特别稀少，更难碰见成片的野生人参，所以现在的移山参就不全是指野生人参了。现在的移山参很多是把人工护育的野山参，生长到 5 ~ 10 年将其参根采挖出来，做山参栽子销售，买方将其重新栽植到山上，生长到一定年限后挖出来作货。还有的把体形好的石柱参、园参移栽到山上，生长到一定年限后挖出来当移山参或充山参销

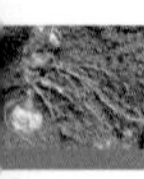

售。因为是把园参中的符合规格的小栽子或野生人参在栽苗重新拿到林中栽培，这有两个问题，一是年限短，园参的变形不大，具有野生人参形状少；二是野生人参幼苗经过移动，原野生人参主体原有的性状随着生长也在减少。在野生人参培育中不是很提倡该做法，但是有些参农的确在这样做，而且是五花八门，多元化现状。不管是哪种现状，只要选择的移栽林地生态环境好，按标准选择参栽子，栽植方法正确，自然生根年限够，收货下山时，大部分参的体态品质与山参基本相同，售价也很高。为了使参农能够掌握移山参的要领，现将搞过移山参的参农多年总结出的成功经验介绍给大家，供参考。

一、林地的选择与清理

移栽山参对林地的生态条件要求很严格，如果改变了山参栽子原来的生态条件，新的环境不适宜，移栽后将会改变原来的参形，失去山参标准。所以移植山参最好选择北坡林地，其环境条件标准及清林方法请参照播种野山参选地部分。

二、移山参参栽子的选择与整形

1. 移山参参栽子的选择

做货山参看“五形”，移山参栽子主要看“三形”，因为山参栽子生长年限短，达不到五形标准。那三形又是指什么呢？这三形主要是指芦、体、纹。

一要看芦：作栽子的参无论大小，也不论什么品种和类型，最主要的是参芦的根部必须是圆芦。

因为做货成品山参必须具备两节芦或三节芦。两节芦就是具备圆芦和马牙芦；三节芦具备圆芦、堆花芦、马牙芦。否则就不能视为山参。因此，选栽子必须得有圆芦。这是具备山参的基础，在圆芦基础上，才能够逐渐生长为堆花或马牙芦，最终形成具有山参五形之一的两节芦或三节芦。

二是看形体：作栽子的参主体必须灵，所说的灵体就是主体部分上身子粗，下身子细，要十分明显。相反，下身子粗，上身子细或者上下

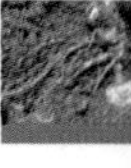

一般粗的笨体参不能选用。

三是看纹：作栽子参的肩部必须有纹。因为这是山参年龄和品质的象征。一苗5年以上的山参如果不是生长过速的话，其肩顶部必须有2～3圈细纹。如果无纹，移栽后有可能永远生长不出来纹，即使生长出来纹，也是不规则的粗纹或断纹。因此，肩部无细纹的参不能选为栽子用。

只要具备以上三个条件就视为好参栽子，其他条件如芦的长短、须的长短、皮质及颜色都不必考虑，只要移栽林地条件好，移栽方法得当，移栽后随着参龄的增长，这些指标会逐步演变完善（图）。

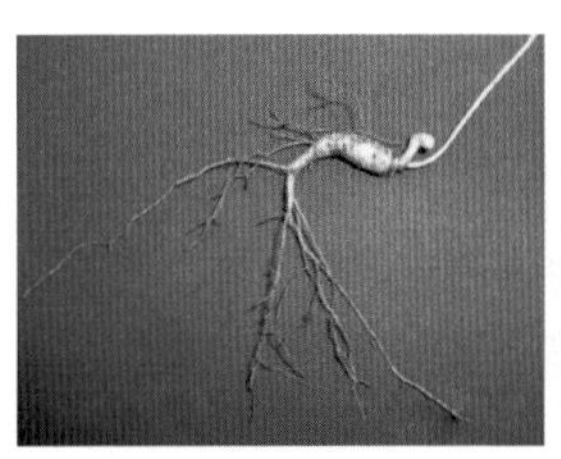
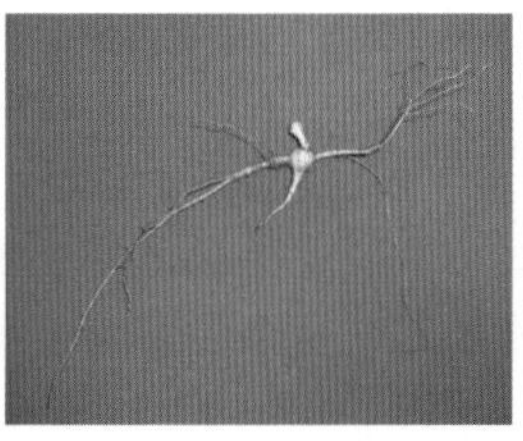
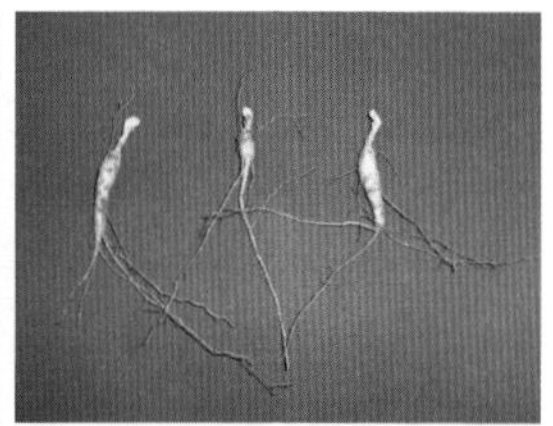

图 人工护育基地移栽种苗选择

2. 移山参参栽子的下须整形

移山参的种苗来自野生人参幼苗的无须任何处理。林下趴的秧苗来自参园，虽经挑选，还是先天不足，需要掐掉门芋、体须、档须和多条小支根，只留下二条较大的支根，并去掉留下两条支根上的毛须。如两条支根有一条太短，则把这条支根上的须毛掐掉，激发它快速生长。其中一条支根太长，把长支根的须毛尽量保留，抑制它该支根的生长。顺长体的主长支根应及时掐掉，截成人造疙瘩体，移栽后会在伤残处丛生多条须根。

三、移山参参栽子的用药消毒

对选择的参栽子或进行了整形的参栽子进行种苗消毒，防止感染。用多菌灵、适乐时、克百威、福美等药液浸泡参栽子。如栽参林地过肥过湿，可用纯活黄土或山黄沙将参体周围培厚4～5厘米，把参栽子包在无菌土中，防止伤口感染。

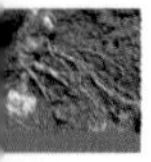

四、栽参时期与方法

山参的栽植时期和园参一样，分秋栽和春栽两个时节。秋栽于 10 月份至土壤结冻前；春栽于林地土壤解冻后 4 ~ 5 月份。

栽植山参可单人操作。首先用塑料盆等工具装参栽子，装栽子时要轻拿轻放，不要碰伤芽孢和弄断根须，放栽子时要芦须依次顺放，以便栽时好拿，防止弄断根须。装好栽子后在上面盖一条湿毛巾，以免栽植时间长芽孢风干。

1. 平栽

在高纬度、高海拔山区，气候冷凉湿润，土壤保水性好，不易出现干旱的平地，宜平栽。在树空中间（注意树叶遮阴，条件选择和籽播相同）用平镐开出深 10 厘米，宽 20 ~ 30 厘米的坑槽，刨坑前用锹或镐先将地表层枯枝落叶拨到一边备用，刨坑时把表层腐殖土和下层棕壤土或活黄土分开放置，刨好坑后。把参栽子拿在手中找准阴阳面，识别阴阳面主要看芦碗，有芦碗的一面是阴面，栽时朝地下，没有芦碗的一面是阳面，栽时朝上。切记千万不能栽反了，栽反了在以后生长过程中会产生转芦、跑纹、增须、变体等五形上的变化。会改变原来山参的体态，降低山参标准，不值钱。找准阴阳面后把栽子平放在坑内，把根须疏展开，然后先把棕壤土或活黄土覆盖在参上 2 厘米厚左右，再将腐殖土覆盖在上，两层覆土 5 厘米厚即可。用脚将覆土轻轻踏实，再把刨坑时备用的枯枝落叶复原盖好。按株距 30 ~ 40 厘米依次栽植。

2. 斜栽

在低纬度、低海拔山区，气候温暖干燥，土壤保水性差，易发生干旱的山坡地，宜斜栽。2 ~ 3 年小秧苗必须斜栽，可做到适度覆土，有利于越冬芽萌发出苗，根系吸水抗旱。在选好的地块中（注意树叶的遮阴度）用平镐做成宽 15 ~ 20 厘米的斜底槽，槽倾斜 20° ~ 30°，刨坑前用锹或镐先将地表层枯枝落叶拨到一边备用，刨坑时把表层腐殖土和下层棕壤土或活黄土分开放置，刨好坑后。找准阴阳面后把栽子斜放在底槽内，把根须疏展开，然后先把棕壤土或活黄土覆盖在参上 2 厘米厚左

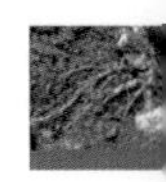

右，再将腐殖土覆盖在上，两层覆土 5 厘米厚即可。用脚将覆土轻轻踏实，再把刨坑时备用的枯枝落叶复原盖好。按株距 30 ~ 40 厘米依次栽植。斜栽移山参主根发育好，根系分布在 10 ~ 15 厘米的土层中，作业方法稍比平栽费工，人参吸收土壤中深层水分和养分，抗旱、保苗，长势好，须根比平栽少，出成品率高。

3. 立栽

开圆穴，这有点像扎眼播种种子的模式。穴的直径根据参栽子的须根而定，大约 10 ~ 12 厘米，洞穴要达 10 厘米深；拌上活黄土摊平穴面，做成硬底，放一块衬托秧苗的薄石片或黄土饼，然后把参苗放上，把参的根系摊开摆好，再覆盖一层黄土按紧，这样做的目的既防病菌，又防土松参根肆意变形跑纹，铺上填平，要高出地面 5 厘米，防止穴土实沉形成小坑积水烂参，表面盖上 5 ~ 6 厘米厚树叶，防水防寒。

移栽山参一定要记住几点：一是找准阴阳面；二是参栽上面先覆盖棕壤土或活黄土，如果先把腐殖土放在参上，这样就改变了山参栽子原来生长的土壤结构层，参根在肥沃、疏松的土壤情况下生长，会出现参芦拔节和跑纹增须现象；三是根须方向，芦头顺坡向下，根须顺坡而上；四是拔芦处理，压覆盖物，覆盖物可选用树皮、硬土块等。五是体形处理，在支根分叉处放置石块、木棍等，个别人参要对支根、艼须美法处理。

第四节　野山参、移山参的看护与管理

一、山参的看护

为了便于参地看护，可在参地周围醒目的地方挂上告示牌，提醒并告知周边的人们，不要到山参护育区内放牧、砍柴、伐木、采挖山野菜及食用菌等。为了阻止行人、牲畜进入参区，可用清理下来的小灌木及刺棵子在山参外围围上栅栏。有条件可用刺线圈围栅栏。或在山参区四周栽种上刺槐树，几年后就长成人、畜都进不去的活树屏障。

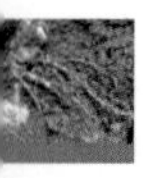

二、野山参、移山参的管理

野山参、移山参播籽和移栽后任其自然生长，虽然不用做像园参那样除草、松土、施肥、喷药等项管理工作，但也要对其采取粗放式的管理，在野山参、移山参成长季节要经常深入护育园区，观察基地内草木生长变化情况，查看光照变化情况，对不适宜的光照及时进行调节。发现杂草密集丛生的地块，说明这个地方光照过强，在高温炎热季节，对这一区域进行插花或挂遮阳网；对不长草的地块，证明这个地方光照过弱，及时间伐小灌木，并做好标记，待野山参、移山参枯萎后，修整乔木树冠。对容易被雨水冲刷的区域，在雨季到来之前，挖好排水沟。山参生长需要缓慢的过程，不能操之过急，千万不能为山参除草，特别是连根拔草，不仅为山参加大了光照，又使山参根际周围的土壤松动，加快了山参生长速度，使原来已经生长的山参根形发生了变化，朝园参方向发展。千万不能给山参掐头，先人给山参掐头是在放山过程中发现小山参采挖后移栽到别处，在生长过程中怕被别人发现挖走，才把山参掐头。现在自己护育山参，若给山参掐头，就是把原本应该供给地上生殖生长这部分营养转移给地下参根营养生长中去，由于营养集中而促使参根加速生长而跑形。例如，20 世纪 90 年代末期，辽宁省的恒仁、本溪、新宾、抚顺等市县，在下山的山参数量中，有 50% 的山参被掐过头，在山参检验过程中，因是掐过头的山参，被检验人员一搭眼就能看出，因为掐过头的山参体笨，跑纹或脱纹，浆气格外足，比同体积未被掐头的山参重得多，最后被判定为移山参，大大降低了参价，结果根重上去了，产值却下来了。

三、虫害、鼠害防治

林地鼠类品种很多，为害山参的主要有鼢鼠、鼹鼠、花鼠和山鼠。鼢鼠和鼹鼠为地下害鼠，常年活动于地下，通过地下打洞咬食植物根系，遇到参根会同样为害。花鼠和山鼠为地上害鼠，以各种植物果实为食，这两种鼠类主要为害山参果实。

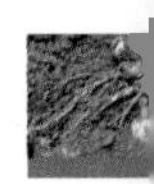

鼢鼠和鼹鼠的防治：在山参场地作业时，用脚踩出洞道，或发现有新凸起的土堆时，用锹挖开找出洞口，根据这两种鼠类喜欢吃大葱的习性，将葱白处破开，放入一定量的磷化锌或鼠药，再合上用葱叶缠好放入两侧洞口内，洞口敞开后有风吹入洞内，由于它们有怕风的习性，遇风后会前来堵洞，发现大葱会将大葱拖入洞内咬食致死。还可在洞口处安放地笼、地箭进行捕杀（图）。

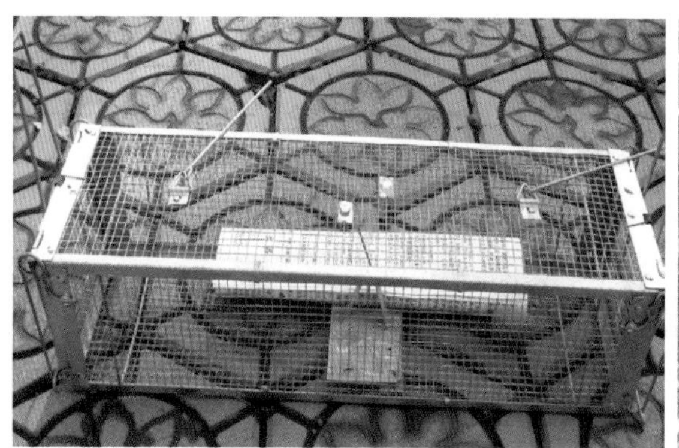

图 人工护育基地防鼠用地笼、地箭

花鼠和山鼠的防治：准备一些空罐头瓶或粗饮料瓶，把饮料瓶横着从中部截断，留下带底的一半，把罐头瓶和饮料瓶躺放在参地内，里边放一些鼠药，待花鼠和山鼠发现后吃药致死。要经常去参地检查，发现死鼠及时埋掉。发现空瓶再续添鼠药，这样经常性地捕杀，可大大减少林地内的花鼠和山鼠，减轻鼠害。

第五节　野山参、移山参的采收与加工

一、野山参、移山参的采挖时期与方法

1. 山参的收获年限

人工护育的野山参、移山参其收货年限是由所种植林地的生态环境来决定，一般来说，在人工落叶松林种植的山参，由于接受光照、雨水、

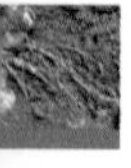

露等较均匀，山参在生长过程中不受局部环境的制约，生长 15 年左右即可挑选单株收获出售。在阔叶林地种植的山参，由于乔木树冠较大，枝叶繁茂，山参所接受的光照、雨水、晨露等不均匀，地温偏低，生长较缓慢，一般需 20 年左右的时间方能收获。山参生长的年限越长，品质越好，越受市场欢迎，售价越高。

2. 野山参、移山参的收获时期

采挖野山参都习惯于在 7 月中、下旬参果红了的时候，那是便于好寻找。由于参根一部分营养运送到果实，供其生殖器官生长，所以参根浆气不足，体轻，干燥后容易抽沟。人工护育的野山参、移山参待参果采收后还能生长一段时间，此段时间所有的养分都集中供参根生长，所以，在 8 月中、下旬收获较为适宜，此时也正是山参市场最活跃的季节。

3. 野山参、移山参的采挖方法

山参的采挖不像园参那样简便易行，用锹挖镐刨即可。山参的采挖需要一些特殊工具，这些工具有镰刀，是用来清除山参周围的小树，蒿草；剪枝剪，是用来剪除土壤中的草本植物根系和较细的树根；小锯，是用来锯除土壤中较粗大的树根；非金属类签棍（骨制、竹制或硬木制），是用来抠土。

山参的采挖有两种方式，一种是坐窑式，另一种是清底式。坐窑式采挖方法：挖参时，在参秧距地面 5 ~ 6 厘米处，把参秧剪掉，然后从参芦部位向下清理土壤，从参芦到主体，从主体到支根，从支根到根须，逐步小心地抠土和清除杂物。山参的根系是白色的，其他植物的根系是黑色或褐色的，在土壤中很容易辨认。遇到其他植物的根系，用签棍抠出空隙后将其剪断拿出。不能硬拽，有些植物根系和山参根须缠绕在一起生长，硬拽容易弄断山参根须。在采挖过程中遇到草木根系和石块要随时清理，一是方便作业；二是防止因杂物影响而破坏了参须。在挖土的过程中要细心观察参须的走向，要耐心准确地挖取，直至将山参完好无损地采挖出来。坐窑式采挖方法比较费时费力。一般挖取较大支头山参时采用。清底式采挖方法：挖参前先看准地上参秧的大小，按照参秧的大小，估计出山参根须伸展的范围，挖参时从山的下一侧按照估计好的范围外围下手，平行

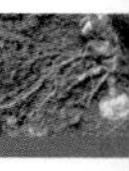

地向参根方向挖土，对山参根须附近的其他植物根系和石块要及时清理，在采挖过程中要保护好山参的根须，千万不要让任何一个部位受到伤残，无论哪个部位出现一点伤残都会影响山参的身价。

选择性采收：虽然是同一年种植的山参，由于受局部小环境的影响，山参的生长发育也不相同，参苗大小不等，土壤条件好，接收光照好的长到四批叶，而那些生长条件差的才是二甲子。所以在采收山参时不能一茬清，要挖大留小，既然挖大留小，那么在采挖大山参的过程中，一定要注意保护好小山参，将大山参采挖出来后，将土壤复回原位，将残根清理干净，保护好小山参周围的环境，还要注意在采挖大山参的同时不要踩到小山参（图）。

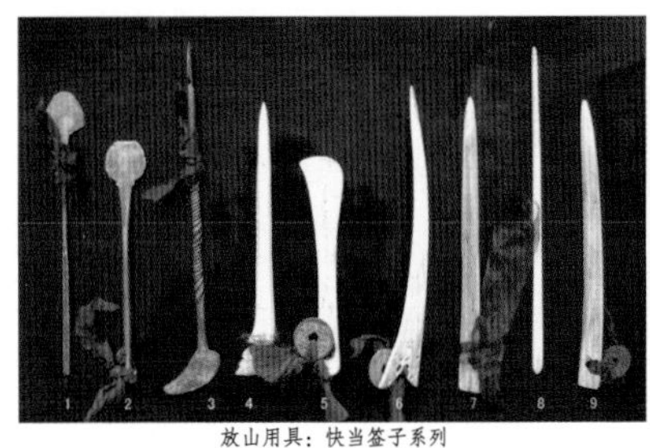

放山用具：快当签子系列

1.2. 拔石头用的青铜签子　3. 撬拔石头用的铁签子　4. 拔粗根用的象牙签子　5. 撬劈用的象牙签子　6. 拔细根用的象牙签子　7. 抬参用的鹿骨签子　8. 拴系棒槌锁用的过梁　9. 抬参用的鹿骨签子

放山用具

10. 祭祀用的铁筷子　11. 剪草根用的小剪子　12. 拽拉用的手钩　13. 快当刀子　14. 称重用的戥子　15. 剪树根用的剪子　16. 快当斧子　17. 快当锯

图　人工护育基山参采挖工具

二、野山参、移山参的加工方法

野山参、移山参的销售方式在目前市场上主要有两种，一种鲜货；另一种是礼品野山参、移山参。礼品野山参、移山参需要加工，其加工过程大体是选参，加工礼品野山参、移山参要选择根形较好的野山参、移山参。笨体山参和有残疾的山参不宜做礼品山参；洗参，清洗山参一般不能用刷子刷参，刷参容易将山参表皮刷白，还容易弄断根须。一般都用自来水冲洗，在冲洗过程中要保护好参须；干燥，干燥的方法分晾晒和烘干。烘干的温度要控制在 35 ~ 40℃，温度不能过高，温度过高，山参须容易糊化。无论是晾晒或烘干，为了防止弄断参须，最好在干燥前把山参固定在硬纸壳上，可保证在干燥过程中参须不断；打潮装盒，

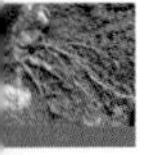

山参干燥后进行打潮装盒。打潮方法可用小喷雾器将山参喷湿，或用湿毛巾盖在山参上一段时间，待参须柔软后再装订在礼品盒上，装盒后进行二次晾晒，至干燥为止。也有的在山参七、八分干时直接装订礼品盒，这样可免去打潮工序，装好后直至晾干。

按国家标准野山参【GB/T 22531—2015】，移山参【GB/T 22532—2015】标准分类销售。

第六节　目前我国适合培育野山参的品种

中大林下参

由中国农业科学院特产研究所与延边大阳参业有限公司共同培育的品种如下。

1. 参的特点

须根长、根茎长参形优美、较耐低温。

2. 生育特性

生育期 120 天左右。出苗期 5 月初地温稳定通过 10℃出苗；出苗比农家品种早 3 ~ 4 天；花期 5 月下旬至 6 月初地温稳定通过 13℃开花；绿果期 6 月初至 6 月下旬地温稳定通过 15℃绿果；红果期 7 月中旬至 8 月上旬；果实成熟比农家品种早一周左右；枯萎期 9 月初至 9 月中旬进入枯萎期。根圆柱形，表面浅黄棕色；茎绿色，与茎着生端的复叶叶柄内侧为紫色。掌状复叶顶端轮生，叶片暗绿色，呈椭圆形，边缘有细锯齿。花序有小花 10 ~ 30 朵，果实为浆果状核果，每株可产种子 10 ~ 30 粒，干种子千粒重 20.8 克左右。

3. 产量结果

15 年生平均每平方米产量 35 克。

4. 适应区域

延吉、汪清、和龙、敦化等海拔 400 ~ 1 000 米，无霜期在 100 天以上的人参种植区。

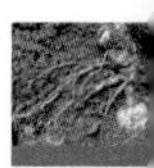

参考文献

张亚玉，等 . 2015. 林下山参护育技术［M］. 北京：中国农业科学技术出版社 .

张君义，等 . 2009. 中国长白山珍宝［M］. 长春：吉林人民出版社 .

蒋炳志 . 2011. 人参知识深入探索与山参培育技术［M］. 长春：吉林人民出版社 .

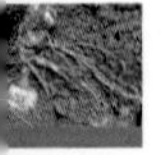